Peter Hermann

Fertigungstechnik: Praktikumsausarbeitung - Drehen / Bohren / Fräsen

GRIN Verlag

Bibliografische Information der Deutschen Nationalbibliothek:

Die Deutsche Bibliothek verzeichnet diese Publikation in der Deutschen National-
bibliografie; detaillierte bibliografische Daten sind im Internet über http://dnb.d-
nb.de/ abrufbar.

Impressum:

Copyright © 2008 GRIN Verlag GmbH
Druck und Bindung: Books on Demand GmbH, Norderstedt Germany
ISBN: 978-3-640-92311-3

Dieses Buch bei GRIN:

http://www.grin.com/de/e-book/113537/fertigungstechnik-praktikumsausarbeitung-
drehen-bohren-fraesen

FH München
Fakultät 06

Mechatronik / Feinwerktechnik Bachelor

Fertigungstechnik

Praktikumsausarbeitung - Drehen / Bohren / Fräsen

3. Juli 2008

Peter HERMANN

Inhaltsverzeichnis

Tabellenverzeichnis

Abbildungsverzeichnis

1 Analyse des Zerspanprozesses beim Drehen

1.1 Messwerte

Messung	$alpha$ in °	$gamma$ in °	D in mm	v_c in $\frac{m}{min}$	$kappa$ in °	f in mm	a_p in mm	F_c in N	F_f in N	F_p in N	P_a in kW	R_t in μm
1	8	6	144	120	75	0,2	3	1400	700	300	-	-
2	8	6	144	120	75	0,2	2,5	1180	580	250	-	-
3	8	6	144	120	75	0,2	2	960	480	230	-	-
4	8	6	144	120	75	0,2	1,5	700	350	180	-	-
5	8	6	144	120	75	0,2	1	480	220	130	-	-
6	8	6	144	120	75	0,2	0,5	390	140	110	-	-
7	8	6	150	120	90	0,2	2	900	460	100	-	-
8	8	6	150	120	75	0,2	2	900	460	200	-	-
9	8	6	150	120	60	0,2	2	920	450	330	-	-
10	8	6	150	120	45	0,2	2	930	400	460	-	-
11	8	6	150	120	75	0,2	2	780	460	200	-	-
12	8	12	150	120	75	0,2	2	880	490	210	-	-
13	8	20	150	120	75	0,2	2	700	250	130	-	-
14	8	6	150	120	75	0,05	2	320	190	80	1,1	7,6
15	8	6	150	120	75	0,07	2	380	240	90	1,3	11,2
16	8	6	150	120	75	0,1	2	540	330	130	1,4	14
17	8	6	150	120	75	0,14	2	650	390	150	1,8	17
18	8	6	150	120	75	0,2	2	930	470	220	2,6	31,2
19	8	6	150	120	75	0,27	2	1050	420	200	3	66,8
20	8	6	150	120	75	0,41	2	1450	470	270	4,2	>100
21	8	6	150	300	75	0,2	2	700	300	140	5,5	38,5
22	8	6	150	240	75	0,2	2	800	340	160	4,6	42
23	8	6	150	180	75	0,2	2	800	380	170	3,5	38,5
24	8	6	150	120	75	0,2	2	860	440	200	2,3	40,4
25	8	6	150	80	75	0,2	2	900	470	210	1,8	42,5
26	8	6	150	20	75	0,2	2	850	400	210	0,8	70,4
27	8	6	150	120	75	0,2	2	800	400	190	2,3	38,4
28	8	6	150	120	75	0,2	2	770	400	180	2,3	36,8

Messung	h in mm	b in mm	A in mm^2	$epsilon_S$	k_C in $\frac{N}{mm^2}$	P_C in kW	eta	n in min^{-1}	v_f in $\frac{mm}{min}$	P_f in W	$F_{c.th}$ in N	R_th in μm
1	0,19	3,11	0,6	16,08	2333,33	2,80	-	265,26	53,05	0,62	1151,17	1,44
2	0,19	2,59	0,5	13,40	2360,00	2,36	-	265,26	53,05	0,51	1005,88	1,44
3	0,19	2,07	0,4	10,72	2400,00	1,92	-	265,26	53,05	0,42	852,77	1,44
4	0,19	1,55	0,3	8,04	2333,33	1,40	-	265,26	53,05	0,31	689,25	1,44
5	0,19	1,04	0,2	5,36	2400,00	0,96	-	265,26	53,05	0,19	510,59	1,44
6	0,19	0,52	0,1	2,68	3900,00	0,78	-	265,26	53,05	0,12	305,71	1,44
7	0,20	2,00	0,4	10,00	2250,00	1,80	-	254,65	50,93	0,39	852,77	1,50
8	0,19	2,07	0,4	10,72	2250,00	1,80	-	254,65	50,93	0,39	852,77	1,50
9	0,17	2,31	0,4	13,33	2300,00	1,84	-	254,65	50,93	0,38	852,77	1,50
10	0,14	2,83	0,4	20,00	2325,00	1,86	-	254,65	50,93	0,34	852,77	1,50
11	0,19	2,07	0,4	10,72	1950,00	1,56	-	254,65	50,93	0,39	852,77	1,50
12	0,19	2,07	0,4	10,72	2200,00	1,76	-	254,65	50,93	0,42	852,77	1,50
13	0,19	2,07	0,4	10,72	1750,00	1,40	-	254,65	50,93	0,21	852,77	1,50
14	0,05	2,07	0,1	42,87	3200,00	0,64	0,58	254,65	12,73	0,04	305,71	0,09
15	0,07	2,07	0,14	30,62	2714,29	0,76	0,58	254,65	17,83	0,07	392,14	0,18
16	0,10	2,07	0,2	21,44	2700,00	1,08	0,77	254,65	25,46	0,14	510,59	0,38
17	0,14	2,07	0,28	15,31	2321,43	1,30	0,72	254,65	35,65	0,23	654,95	0,74
18	0,19	2,07	0,4	10,72	2325,00	1,86	0,72	254,65	50,93	0,40	852,77	1,50
19	0,26	2,07	0,54	7,94	1944,44	2,10	0,70	254,65	68,75	0,48	1064,83	2,73
20	0,40	2,07	0,82	5,23	1768,29	2,90	0,69	254,65	104,41	0,82	1450,55	6,30
21	0,19	2,07	0,4	10,72	1900,00	3,80	0,69	636,62	127,32	0,64	852,77	1,50
22	0,19	2,07	0,4	10,72	2000,00	3,20	0,70	509,30	101,86	0,58	852,77	1,50
23	0,19	2,07	0,4	10,72	2000,00	2,40	0,69	381,97	76,39	0,48	852,77	1,50
24	0,19	2,07	0,4	10,72	2150,00	1,72	0,75	254,65	50,93	0,37	852,77	1,50
25	0,19	2,07	0,4	10,72	2250,00	1,20	0,67	169,77	33,95	0,27	852,77	1,50
26	0,19	2,07	0,4	10,72	2125,00	0,28	0,35	42,44	8,49	0,06	852,77	1,50
27	0,19	2,07	0,4	10,72	2000,00	1,60	0,70	254,65	50,93	0,34	852,77	1,50
28	0,19	2,07	0,4	10,72	1925,00	1,54	0,67	254,65	50,93	0,34	852,77	1,50

Messung	R_z in μm	R_a in μm
1	-	-
2	-	-
3	-	-
4	-	-
5	-	-
6	-	-
7	-	-
8	-	-
9	-	-
10	-	-
11	-	-
12	-	-
13	-	-
14	6,6	1,15
15	8,6	1,6
16	11,4	2,16
17	14,1	2,88
18	27,9	6,9
19	54,4	13,3
20	>70	>20
21	33,3	7,93
22	35,3	8,36
23	34,5	8,19
24	35	7,87
25	34,7	7,69
26	52,2	10,4
27	32,6	8,3
28	33,5	8,25

Abbildung 1: Messwerte des gesamten Versuches (Drehen)

1.2   Diagramm der Schnitt-, Vorschub- und Passivkraft in Abhängigkeit der Spanungsbreite

1.2.1   Theoretisches Ergebnis

Bei dieser Versuchsreihe wird nur die Zustellung verändert. Sie kann auch als Schnittiefe betrachtet werden, denn sie gibt an, wie viel vom Radius des Werkstückes abgetragen werden soll. Also lässt sich aus den theoretischen Erkenntnissen entnehmen, dass die Spanungsbreite b in vereinfachter Betrachtung identisch mit der Länge der Hauptschneide sein muss. [ ]

1.2.2   Messung

Während der Versuchsdurchführung wurden an der Drehmaschine die verschiedenen Zustellungen und Kräfte, welche auf den Drehmeißel wirken, gemessen. Diese Messwerte wurden in der folgenden „Tabelle 1: Kräfte- und Spandickewerte" zusammengestellt und fett geschrieben.

1.2.3   Messwerte

Messung	Zustellung a_p	Spanbreite h	Schnittkraft	Vorschubkraft	Passivkraft
1	3,0	**3,11**	**1400**	**700**	**300**
2	2,5	**2,59**	**1180**	**580**	**250**
3	2,0	**2,07**	**960**	**480**	**230**
4	1,5	**1,55**	**700**	**350**	**180**
5	1,0	**1,03**	**480**	**220**	**130**
6	0,5	**0,51**	**390**	**140**	**110**

Tabelle 1: Kräfte- und Spandickewerte

1.2.4   Diagramm

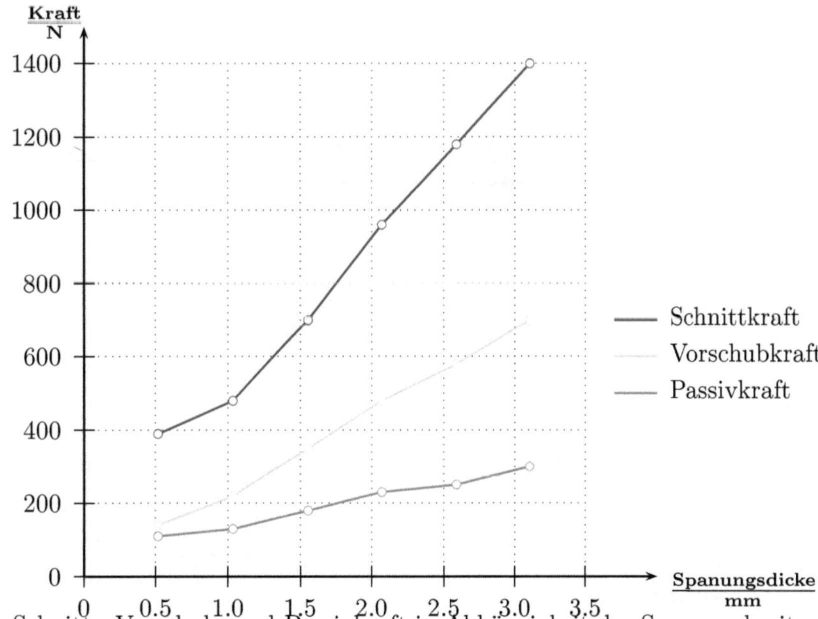

Abbildung 2: Schnitt-, Vorschub- und Passivkraft in Abhängigkeit der Spanungsbreite

1.2.5   Auswertung der Messergebnisse

Wie aus dem Diagramm zu erkennen ist, steigen die Kräfte linear zur Spanungsbreite. Da bei den Messungen die Zustellung verändert wurde, ergibt sich auch eine Änderung der Kräfte, die auf den Drehmeißel wirken und auch eine erwartete Änderung der Spanungsbreite.

1.2.6   Abschlussbetrachtung des Versuchs

Die Zustellung und die Spanungsbreite sind, wie aus der theoretischen Vorüberlegung erwartet, in etwas gleich. Da auch hier nur eine Näherung vorausgesetzt wurde können die Messergebnisse als richtig interpretiert werden.

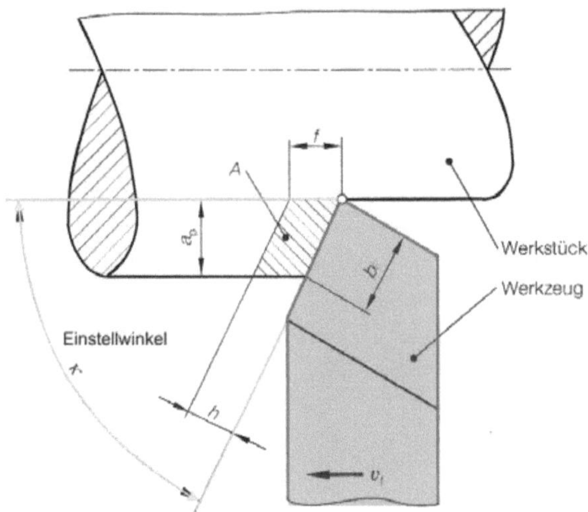

Abbildung 3: Spanungsgrößen und Einstellwinkel [ ]

1.3 Diagramm der Schnitt-, Vorschub- und Passivkraft in Abhängigkeit der Einstellwinkel $\varkappa$

1.3.1 Theoretisches Ergebnis

Der Einstellwinkel $\varkappa$ ist der Winkel zwischen der Schneidenebene und der Arbeitsebene. Er wird in der Werkzeug-Bezugsebene gemessen (vergleiche Abbildung 3). Außerdem gilt, je größer der Einstellwinkel, desto besser die Spanbrechung.

Da in diesem Versuch der Einstellwinkel verändert wird, werden für verschiedene Winkel die folgenden theoretischen Ergebnisse erwartet:

75° / **45°** Schruppbearbeitung, geringere spezifische Schneidenbelastung als bei $\varkappa = 90°$, geringerer Verschleiß, Schutz der Schneidecke beim Austritt, [ ]

90° geringe Schnittkräfte in Richtung der Werkzeugachse, geringe Durchbiegung, daher für schlanke und schwinungsanfällige Teile, Schlichtbearbeitung, Drehen von Werkstückabsätzen und Schultern, [ ]

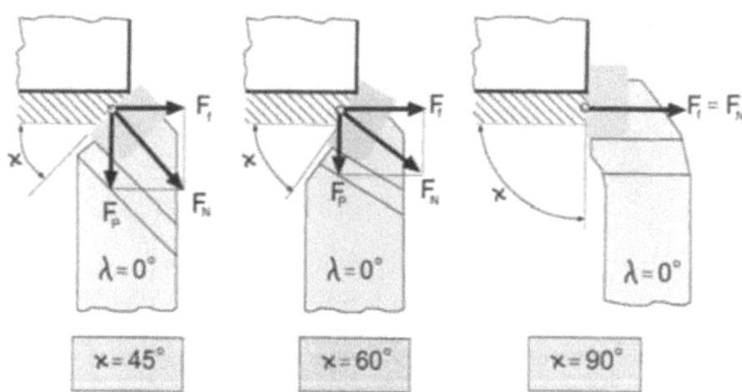

Abbildung 4: Variationen des Einstellwinkel $\varkappa$ [ ]

1.3.2   Messung

Bei den folgenden Messungen wurde nun der Einstellwinkel $\varkappa$ von 45° bis 90° verändert, dabei wurden wieder die Kräfte auf den Meißel (Messwerte fett in „Tabelle 2: Kräfte- und Einstellwinkelwerte") aufgenommen.

1.3.3   Meßwerte

Messung	Winkel	F_c	F_f	F_n
10	45	**930**	**400**	**460**
9	60	**920**	**450**	**330**
8	75	**900**	**460**	**200**
7	90	**900**	**460**	**100**

Tabelle 2: Kräfte- und Einstellwinkelwerte

Aus der Tabelle lässt sich schon erkennen, dass die Schnittkraft sehr konstant bleibt, somit kaum vom Winkel abhängt. Des weitern ändert sich die Vorschubkraft mit steigenden Schnittwinkel etwas mehr. Der größte unterschied zeigt sich bei der Normalkraft, welche daher sehr starkt von $\varkappa$ abhängt. Nun werden die Messdaten in das Diagramm „Abbildung 5: Schnitt-, Vorschub- und Passivkraft in Abhängigkeit der Einstellwinkel" aufgezeichnet.

1.3.4   Diagramm

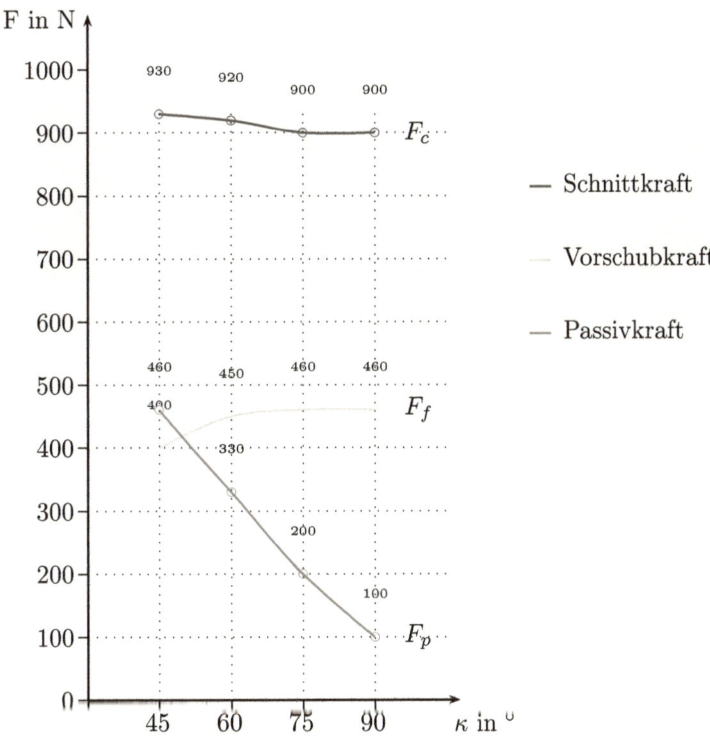

Abbildung 5: Schnitt-, Vorschub- und Passivkraft in Abhängigkeit der Einstellwinkel

1.3.5   Auswertung der Meßergebnisse

Wie schon aus der Theorie und der Messtabelle erwartet nimmt die Passivkraft am meisten ab (rote Linie). So ist dies auch am stärksten von dem Einstellwinkel $\varkappa$ abhängig. Hier zeigen Theorie und Praxis wiederum eine sehr gute Übereinstimmung.

1.4   Diagramm der Schnitt-, Vorschub- und Passivkraft in Abhängigkeit der Spanwinkel γ

1.4.1   Theoretisches Ergebnis

Wie sich aus dem Skriptum ergibt muss je Grad Spanwinkelvergrößerung die Schnittkraft um 1% bis 2% bei Eisenwerkstoffen sinken. [ ] Überschlägig kann der Kraftanstieg auch wie folgt betrachtet werden:

Kraft	Kraftanstieg je Grad Spanwinkeländerung
F_C	etwa 1,5%
F_f	etwa 5%
F_p	etwa 4%

Der maximale Spanwinkel wird nach oben hin durch die Kantenfestigkeit des Schneidstoffes und der dadurch zunehmenden Ausbruchsgefahr an der Schneidkante begrenzt. Ein negativer Spanwinkel hat nur eine bedingt gute Spanbrechung, jedoch eine schlechtere Oberflächenqualität. [ ]

1.4.2   Messung

In dieser Messreihe werden die Spanwinkel γ von 6°, 12° und 20° eingestellt. Dabei werden die Schnitt-, Vorschub- und Passivkraft des Drehmeißels gemessen und in der folgenden „Tabelle 3: Kräfte- und Spanwinkelwerte" eingetragen.

1.4.3   Messwerte

Messung	Spanwinkel	Schnittkraft	Vorschubkraft	Passivkraft
1	6	**780**	**460**	**200**
2	12	**880**	**490**	**250**
3	20	**700**	**250**	**130**

Tabelle 3: Kräfte- und Spanwinkelwerte

1.4.4   Diagramm

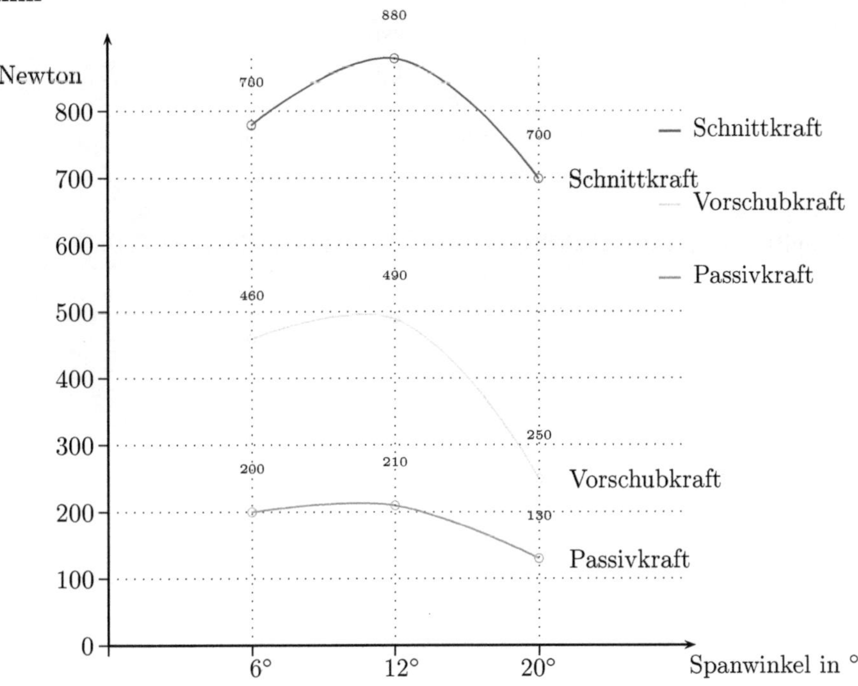

Abbildung 6: Schnitt-, Vorschub- und Passivkraft in Abhängigkeit der Spanwinkel

1.4.5   Auswertung der Meßergebnisse

Aus den Messwerten zeigt sich bei 6° und bei 12° eine Steigerung der Kräfte auf das Werkzeug, wird der Spanwinkel γ nun weiter erhöht, auf 20°, so nehmen alle Kraftwerte ab.

1.4.6   Abschlussbetrachtung

Aus der Theorie ist bekannt, dass sich je Grad Winkeländerung die Schnittkraft um etwas 2% ändern muss. Nun wird dies an den Messwerten überprüft:

- Schnittkraft von 780N auf 880N, 6° Änderung, 2%:

$$
\begin{aligned}
\frac{780}{100} &= 7.8 \\
7.8 \cdot 6 \cdot 2 &= 93.6 \\
93.6 + 780 &= 873.6
\end{aligned}
$$

Somit ergibt sich eine errechnete Schnittkraft von 873.6N was mit einer praktisch gemessenen von 880N übereinstimmt.

Führt man die gleiche Rechnung beim nächsten Messwert durch:

- Schnittkraft von 880N auf 700N, 8° Änderung, 2%:

$$\frac{880}{100} = 8.8$$
$$8.8 \cdot 8 \cdot 2 = 140.8$$
$$140.8 + 880 = 1020.8$$

würde ein Schnittkraftwert von 1020.8N errechnet. Das Messergebnis beträgt aber 700N.

1.5   Diagramm der spez. Schnittkraft in Abhängigkeit der Spanungsdicke

1.5.1   Theoretisches Ergebnis

Ausschlaggebend für die Schnitt- bzw. Antriebsleistung ist die Schnittkraft F_c zusammen mit der Schnittgeschwindigkeit v_c. Die Größe der Schnittkraft hängt aber in erster Linie vom zerspanenden Werkstoff und den wirkenden Spanungsbedingungen (z.B. Schneidengeometrie, Spanungsdicke h) ab. Die Schnittkraft wird verfahrensspezifisch ermittelt. Sie kann durch diese Formel: $F_c = A \cdot k_c = b \cdot h \cdot k_c$ berechnet werden. Aus der folgenden Abbildung lässt sich erkennen, wie b und h sind.

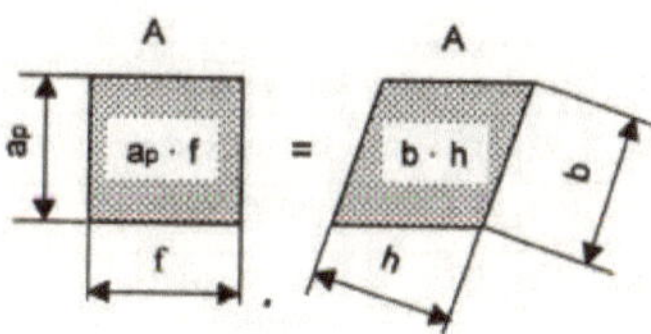

Abbildung 7: Spanungsdicke und -breite [ ]

Der Spanungsquerschnitt A ergibt sich dabei aus $b \cdot h$. Während dem Zerspanungsvorgang kann sich die Spanungsdicke ändern, so zum Beispiel beim Fräsen. Dann wird zur Ermittlung der Schnittkraft von einer mittleren Spanungsdicke h_m ausgegangen.

Über die Spanungsdicke h kann auch die spezifische Schnittkraft k_c grafisch ermittelt werden. Die spez. Schnittkraft wird zwar maßgeblich vom Werkstoff beeinflusst, ist aber als reine Rechengröße nicht als Werkstoffkennzifffer zu betrachten. Einige Einflussgrößen von k_c:

- Festigkeit und Legierungsbestandteile des zu bearbeitenden Werkstoffes

- Schneidengeometrie des Werkzeuges

Der Hauptwert der spezifischen Schnittkraft bei einem Spanungsquerschnitt $A = 1mm^2$ ($b = 1mm$, $h = 1mm$) wird als $k_{c1.1}$ bezeichnet. Dieser lässt sich berechnen durch:

$$k_c \;=\; \frac{k_{c1.1}}{h^m}$$

m   Anstieg der Tangente des Steigungswinkels α

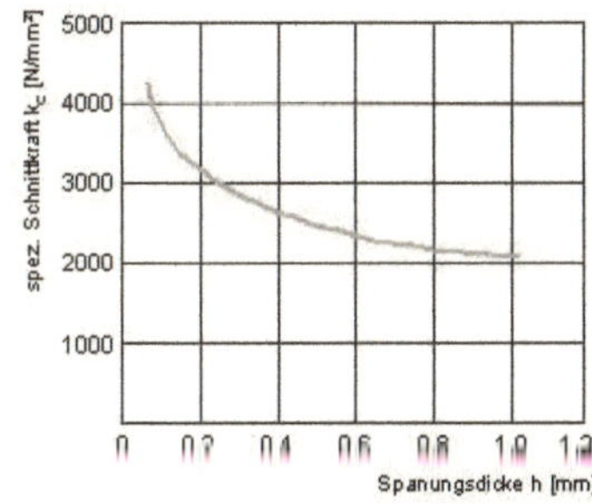

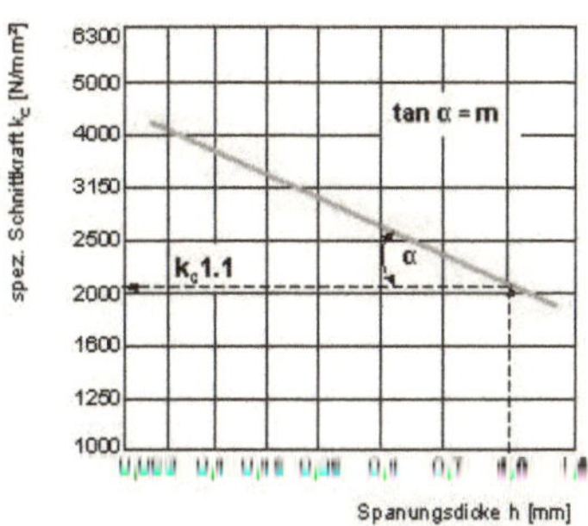

Abbildung 8: $k_{c1.1}$ in arithmetischer und doppeltlogarithmischer Darstellung [ ]

1.5.2   Messung

Bei dieser Messung wurde der Vorschub f variiert, so beginnt Messung Nr. 14 mit $0.05mm$ und wird bei Nr. 17 mit $0.41mm$ beendet.

1.5.3   Meßwerte

Messung	f in mm	h in mm	k_c in $\frac{N}{mm^2}$
14	0,05	**0,048**	**3200,00**
15	0,07	**0,068**	**2714,29**
16	0,10	**0,097**	**2700,00**
17	0,14	**0,14**	**2321,43**
18	0,20	**0,19**	**2325,00**
19	0,27	**0,26**	**1944,44**
20	0,41	**0,40**	**1768,29**

Tabelle 4: Spezifische Schnittkraft und Spanungsdicke

1.5.4   Diagramm

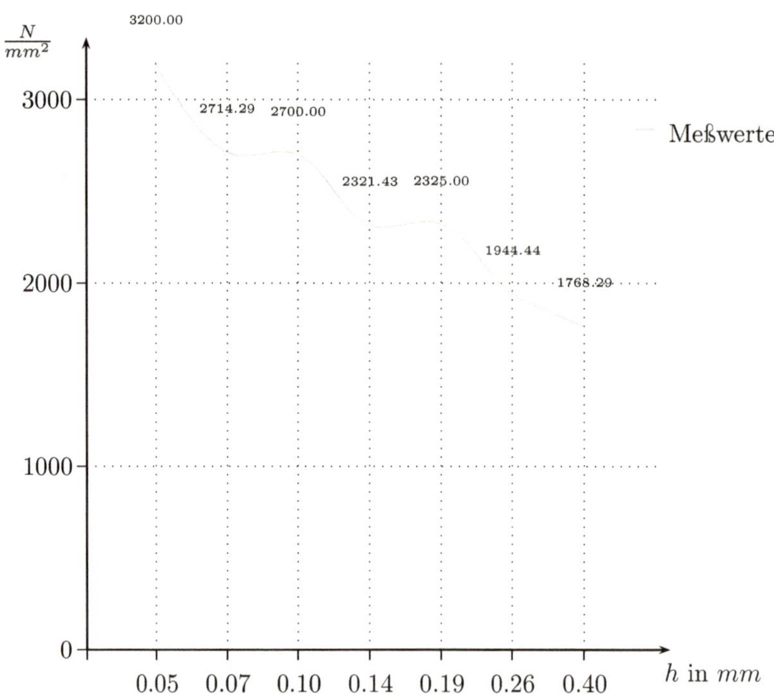

Abbildung 9: Diagramm der Schnittkraft über Spanungsdicke in arithmetischer Darstellung

1.5.5 Auswertung der Meßergebnisse

Aus den Messwerten lässt sich nun das α (Steigung der Gerade) berechnen:

$$\tan\alpha = \frac{\log\frac{k_{c,Messung14}}{k_{c,Messung20}}}{\log\frac{h_{Messung14}}{h_{Messung20}}}$$

$$\tan\alpha = \frac{\log\frac{3200,00}{1768,29}}{\log\frac{0,048}{0,400}}$$

$$\tan\alpha = \frac{0,2576}{-0,9208}$$

$$\tan\alpha = -0,2795$$

$$\alpha = \arctan(-0,2795)$$

$$\alpha = -15.6°$$

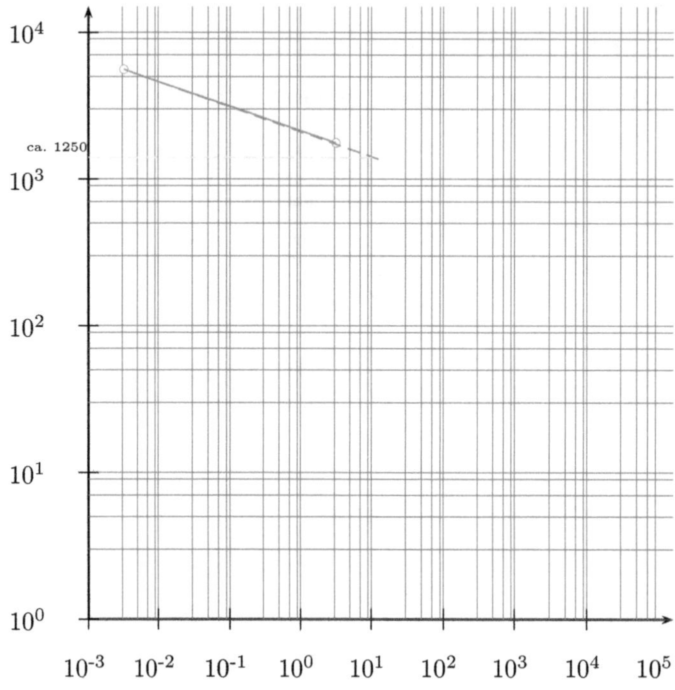

Abbildung 10: Diagramm der Schnittkraft üüber Spanungsdicke in logarithmischer Darstellung

1.5.6   Abschlussbetrachtung

Der $k_{c1.1}$-Wert wurde aus dem doppellogarithmischen Diagramm abgelesen und liegt etwas bei $1250 \frac{N}{mm^2}$.

1.6 Diagramm des Mittenrauwerts in Abhängigkeit des Vorschubs

1.6.1 Theoretisches Ergebnis

Definiert ist der Mittenrauwert als arithmetischer Mittelwert R_a der absoluten Beträge der Abstände y des Rauheitsprofils von der mittleren Linie innerhalb der Messstrecke l_m. Dies ist gleichbedeutend mit der Höhe eines Rechtecks, dessen Länge gleich der Gesamtmessstrecke l_m und das flächengleich mit der Summe der zwischen Rauheitsprofil und mittlerer Linie eingeschlossenen Fläche ist. [ ]

$$R_a \;=\; \frac{1}{l_m} \int\limits_{x=0}^{x=l_m} |y|\,dx$$

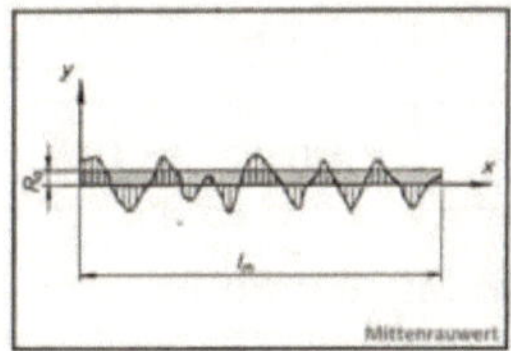

Abbildung 11: Zeichnung des Mittenrauwert [ ]

1.6.2 Messung

In dieser Messung wurde bei jedem Messdurchgang der Vorschub f erhöht und danach die Mittelrauwerte R_a per Gerät gemessen. Der Rauheitsmesser funktioniert so wie er in dem Bild dargestellt ist:

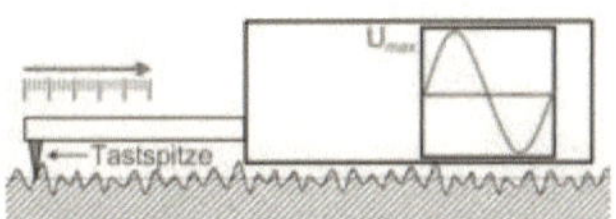

Abbildung 12: Rauheitsmesser [ ]

1.6.3 Messwerte

Messung	f in mm	R_a in μm
14	0,05	**1,15**
15	0,07	**1,60**
16	0,10	**2,16**
17	0,14	**2,88**
18	0,19	**6,90**
19	0,26	**13,30**
20	0,41	**>20**

Tabelle 5: Mittenrauwert und Vorschub

1.6.4 Diagramm

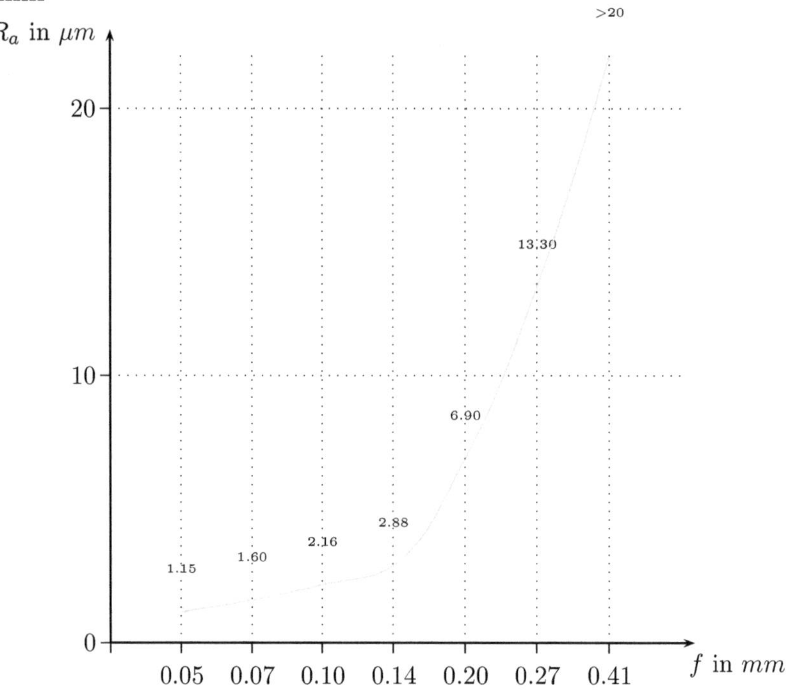

Abbildung 13: Diagramm des Mittenrauwerts in Abhängigkeit des Vorschubs

1.6.5 Auswertung der Messwerte

Aus diesem Diagramm lässt sich erkennen, daß sich bei Vorschüben bis ca. $1.5mm$ eine sehr flache Gerade bildet, dadurch ändert sich der Mittenrauwert nur wenig. Ab Vorschüben größer $1.5mm$ bildet sich eine viel steilere Gerade, was bedeutet, dass sich mit steigendem Vorschub der Raumittenwert schneller erhöht als zu Beginn.

1.7 Diagramm des Wirkungsgrades und der Antriebsleistung

1.7.1 Theoretisches Ergebnis

Der Wirkungsgrad errechnet sich durch:

$$\eta = \frac{P_c}{P_a}$$

$$P_c = \frac{F_c \cdot v_c}{60000}$$

Für die Auslegung der Antriebsmotoren ist die Antriebsleistung P_a ausschlaggebend, bei dieser wird der Wirkungsgrad η berücksichtigt.

1.7.2 Messung

Die Antriebswirkleistung P_a wurde mit einem Leistungsmessgerät, welches direkt mit der Anschlussleitung verschlatet ist gemessen.

1.7.3 Messwerte

Messung	f in mm	P_c in kW	P_a in kW	η
14	0,05	0,64	**1,1**	**0,582**
15	0,07	0,76	**1,3**	**0,585**
16	0,10	1,08	**1,4**	**0,771**
17	0,14	1,30	**1,8**	**0,722**
18	0,19	1,86	**2,6**	**0,715**
19	0,26	2,10	**3,0**	**0,700**
20	0,41	2,90	**4,2**	**0,690**

Tabelle 6: Kräfte- und Einstellwinkelwerte

1.7.4   Diagramm

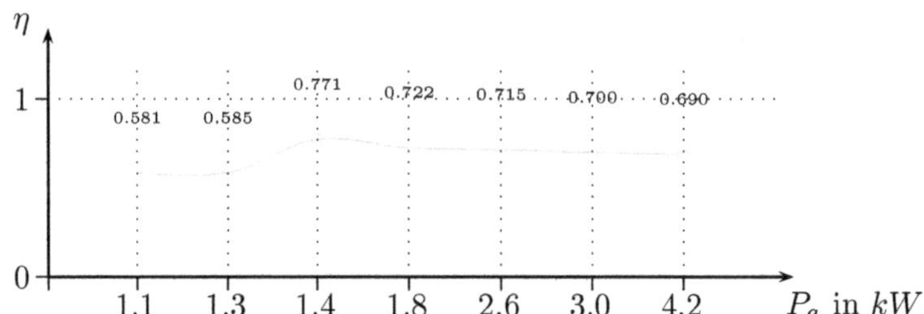

Abbildung 14: Diagramm des Wirkungsgrades und der Antriebsleistung

1.7.5   Auswertung der Meßwerte

Das Diagramm zeigt, dass bei einer Leistung von $1.4 kW$ der Wirkungsgrad η mit 0.771 was $77,1\%$ entspricht, am Besten ist. Bei dieser Messung betrug der Vorschub $0,10mm$ und der Mittenrauwert $2,16\mu m$, wie aus der vorhergegangen Messung erkenntlich ist.

1.8   Diagramm der Schnitt-, Vorschub- und Passivkraft in Abhängigkeit der Schnittgeschwindigkeit

1.8.1   Theoretisches Ergebnis

Es wird erwartet, daß die Schnittgeschwindigkeit einen Einfluß auf die Schnittkraft hat. In der folgenden Grafik ist zu erkennen, dass etwa ab $100\frac{m}{min}$ die Schnittkraft nur noch sehr wenig mit steigender Schnittgeschwindigkeit sinkt.

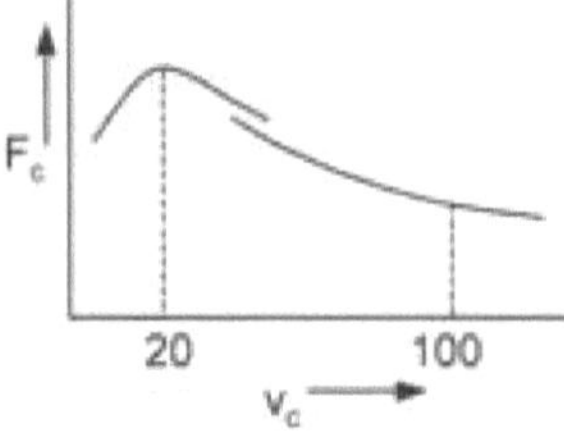

Abbildung 15: Wirkrichtungswinkel v_c beim Drehen [ ]

Im Bereich unter $100\frac{m}{min}$ ist der Anstieg von F_c jeweils vom zu bearbeiteten Werkstoff abhängig. [ ]

1.8.2 Messung

In dieser Messreihe wurden die Schnittgeschwindigkeiten v_c verändert, die Kräfte auf den Drehmeißel wurden an dem Anzeigeinstrument abgelesen.

1.8.3 Messwerte

Messung	v_c in $\frac{m}{min}$	F_c in N	F_f in N	F_n in N
21	300	**760**	**300**	**140**
22	240	**800**	**340**	**160**
23	180	**800**	**380**	**170**
24	120	**860**	**440**	**200**
25	80	**900**	**470**	**210**
26	20	**850**	**400**	**210**

Tabelle 7: Kräfte- und Schnittgeschwindigkeitswerte

1.8.4 Diagramm

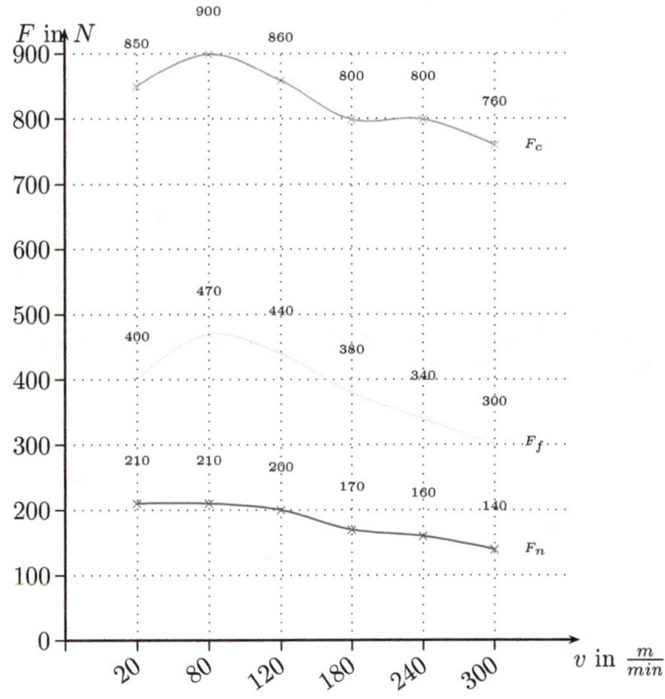

Abbildung 16: Schnitt-, Vorschub- und Passivkraft in Abhängigkeit der Schnittgeschwindigkeit

1.8.5 Auswertung der Messwerte

Das Diagramm beschreibt den Verlauf der Schnittkräfte über die Vorschubgeschwindigkeit. Daraus sieht man, dass bei steigender Schnittgeschwindigkeit die Kräfte auf den Drehmeißel sinken.

1.8.6 Abschlussbetrachtung des Versuchs

Wie aus der Theorie erwartet sinken die Kräfte auf den Meißel, aber schon etwas früher, denn hier ist das Maximum bei etwa $80\frac{m}{min}$.

1.9 Vergleichsmessung zwischen einem alten und neuem Drehmeißel

1.9.1 Theoretisches Ergebnis

Für den Verschleiß des Werkzeuges gibt es unterschiedlich Ursachen wie etwa:

- Mechanischer Abrieb

- Abscheren von Pressschweißstellen

- Oxidationsvorgänge

- Diffusion

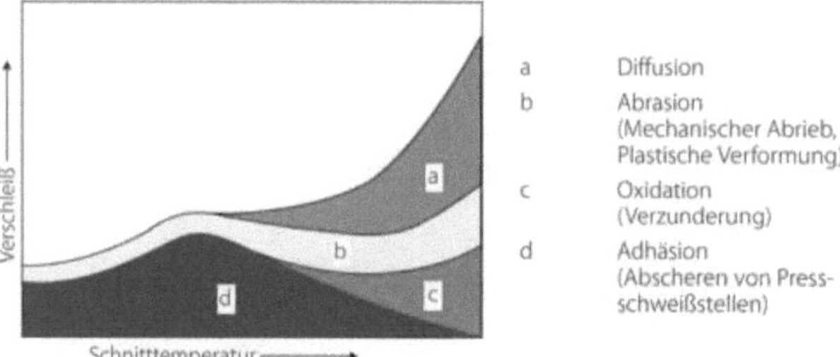

Abbildung 17: Verschleißursachen bei der Zerspanung [ ]

Durch den Verschleiß wird nun ein verändertes (negatives) Messergebnis erwartet.

1.9.2 Messung

Diese Messung wird einmal mit einem verschlissenen Drehmeißel (Messung Nr. 27) und einmal mit einem neuen Meißel (Messung Nr. 28) durchgeführt. Dabei wurden die Kräfte (F_c, F_f und F_n), sowie die Leistung (P_a) und die Rauwerte (R_a, R_Z und R_t) gemessen.

Messung	F_c in N	F_f in N	F_n in N	P_a in kW	R_a in μm	R_Z in μm	R_t in μm
27	800	400	190	2,3	8,30	32,6	38,4
28	770	400	180	2,3	8,25	33,5	36,4

Tabelle 8: Messwerte neuer/alter Drehmeißel

1.9.3 Auswertung der Messung

Aus den Messwerten lässt sich erkennen, daß die Schnittkraft etwas kleiner ist und die Rautiefen etwas größer sind. Es lässt vermuten, dass der "alte„ Drehmeißel nicht sehr abgenutzt ist.

1.10 Vergleich der theoretischen Schnittkraftwerte mit den gemessenen Daten

1.10.1 Tabellarischer Vergleich

Messung	$F_{c.th}$ in N	F_c in N		Messung	$F_{c.th}$ in N	F_c in N
1	1526	1400		19	1270	1050
2	1271	1180		20	1730	1450
3	1017	960		21	953	760
4	763	700		22	968	800
5	509	480		23	988	800
6	254	390		24	1017	860
7	1008	900		25	1064	900
8	1017	900		26	1297	850
9	1046	920		27	1017	800
10	1103	930		28	1017	770
11	1017	780				
12	926	880				
13	804	700				
14	365	320				
15	468	380				
16	609	540				
17	781	650				
18	1017	930				

Tabelle 9: Vergleich aller Messwerte

1.10.2   Diagramm

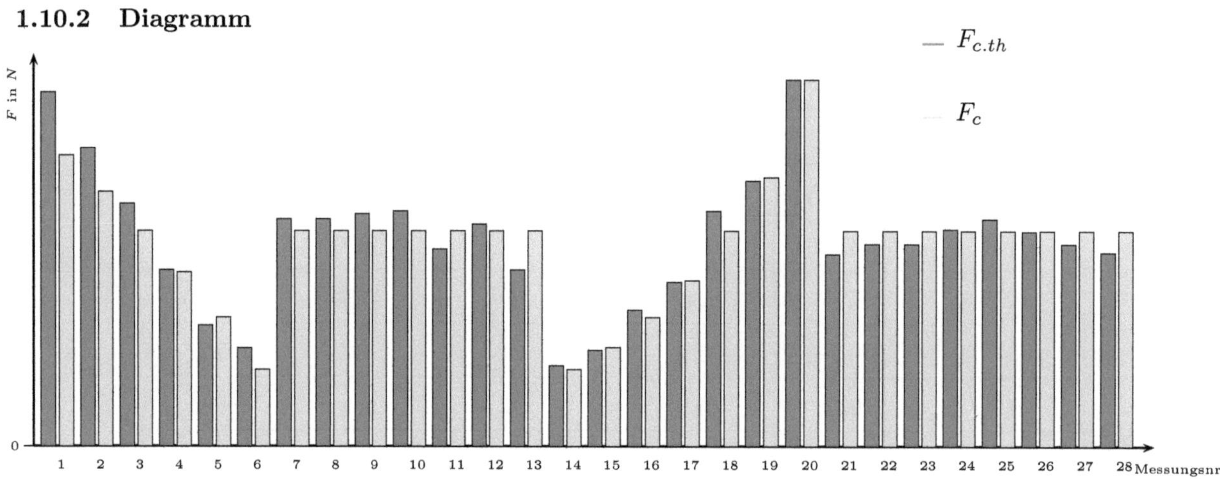

Abbildung 18: Vergleich der $F_{c.th}$ und F_c

1.10.3   Auswertung

Aus dem Vergleich der gemessenen mit den berechneten Werten ergibt sich eine bleibende Abweichung, die daran liegen kann, daß bei der Berechnung nach folgender Formel:

$$F_{c.th} \;=\; b \cdot h^{1-mc} \cdot k_{c1.1} \cdot k_v \cdot k_{\gamma 0}$$

die Faktoren von $k_{c1.1}$ und $k_{\gamma 0}$ gleich 1 gesetzt wurden.

1.11 Vergleich der theoretischen Rauhtiefen aller Messungen

1.11.1 Tabellarischer Vergleich

Messung	$R_{t.th}$ in μm	R_t in μm		Messung	$R_{t.th}$ in μm	R_t in μm
14	7,6	1,6		24	40,4	25,0
15	11,2	3,1		25	42,5	25,0
16	14,9	6,3		26	70,4	25,0
17	17,0	12,3		27	38,4	25,0
18	31,2	25,0		28	36,8	25,0
19	66,8	45,6				
20	>100	105,1				
21	38,5	25,0				
22	42,0	25,0				
23	38,5	25,0				

Tabelle 10: Messergebnisse der theo. Rauhtiefen

1.11.2 Diagramm

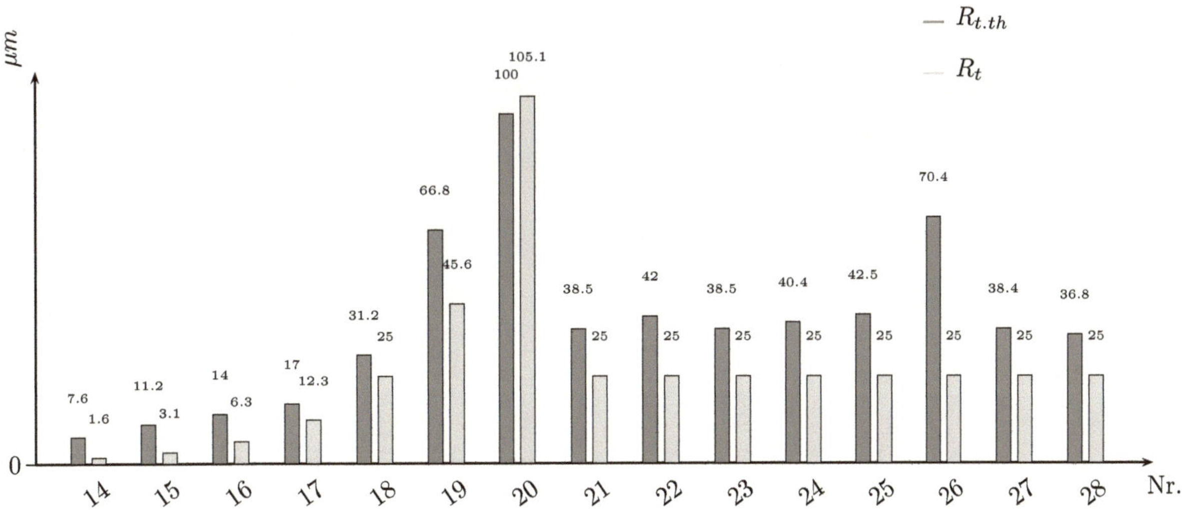

Abbildung 19: Vergleich der Rautiefen

1.11.3   Auswertung

Aus den Messwerten mit dem Vergleich der berechneten Werten geht hervor, dass hier die gemessenen Werte größer sind, als die theoretisch berechneten. Dies lässt sich durch eine eventuelle Abnutzung des Drehmeißels erklären.

2   Schnittkraftversuch Bohren

2.1 Messwerte

Nr	D in mm	d in mm	$\varkappa = \frac{\sigma}{2}$	σ in $^\circ$	γ in $^\circ$	α in $^\circ$	n in min^{-1}	V_f in $\frac{mm}{min}$	z	l in mm
1	16	0	85	170	12	8	2500	63	1	10
2	16	0	59	118	28	8	630	63	2	10
3	16	0	59	118	26	8	630	63	2	10
4	16	0	59	118	28	8	630	63	2	10
5	16	0	59	118	6	8	1200	63	2	10
6	4	0	59	118	28	8	2500	50	2	10
7	16	4	59	118	26	8	630	63	2	10
8	15,75	0	59	118	28	8	630	63	2	10
9	16	15,75	45	90	6	2	160	63	8	10
10	16	0	70	140	28	8	2500	220	2	15

Nr	F_f in N	M in $N \cdot cm$	R_t in μm	R_a in μm	R_Z in μm	P_a in kW	t_h in min	f	v_c in $\frac{m}{min}$	f_z in mm
1	475	300	22,8	3,28	17,8	2		0,0252	125,663706	0,0252
2	1400	880	35	4,13	23,5	1,3		0,1	31,667254	0,05
3	1500	880	42	6,53	31,2	1,3		0,1	31,667254	0,05
4	2200	960	65,6	7,5	39,2	1,4		0,1	31,667254	0,05
5	1900	540	42,4	6,24	31,7	1,5		0,0525	60,318579	0,02625
6	300	200	-	-	-	1		0,02	31,4159265	0,01
7	800	790	77,4	8,7	49,1	1,2		0,1	31,667254	0,05
8	1500	920	-	-	-	1,3		0,1	31,1724531	0,05
9			15,5	1,56	10,3			0,39375	8,04247719	0,04921875
10			6,5	1,5	5,8			0,088	125,663706	0,044

Nr	h in mm	b in mm	A in mm^2	F_c in N	K_V	k_C in $\frac{N}{mm^2}$	P_C in kW	η	$F_{c.th}$ in N	$t_{h.ber}$ in min
1	0,02510411	8,0305587	0,2016	750	0,98391164	3720,2381	0,78539788	0,39269894	5296,8469	0,15873016
2	0,04285837	9,33306718	0,4	2200	0,90644145	5500	0,58056612	0,44658932	9145,15915	0,15873016
3	0,04285837	9,33306718	0,4	2200	1,63959855	5500	0,58056612	0,44658932	9145,15915	0,15873016
4	0,04285837	9,33306718	0,4	2400	1,63959855	6000	0,63334485	0,45238918	9145,15915	0,15873016
5	0,02250064	9,33306718	0,21	1350	1,63959855	6428,57143	0,67858377	0,45238918	5676,87265	0,15873016
6	0,00857167	2,33326679	0,02	2000	1,24281368	100000	0,52359859	0,52359859	694,853858	0,2
7	0,04285837	6,99980038	0,3	1580	1,64522596	5266,66667	0,52119004	0,43432503	6858,86936	0,15873016
8	0,04285837	9,187238	0,39375	2336,50794	1,63959855	5933,98841	0,60695548	0,46688883	9002,26603	0,15873016
9	0,03480291	0,1767767	0,006152344	0	1,65073925	0	0	-	148,484484	0,15873016
10	0,04134648	8,51342218	0,352	0	0,98391164	0	0	-	8123,23818	0,04545455

Abbildung 20: Messwerte des gesamten Versuches (Bohren)

2.2   Einführung in den Versuch Bohren

In diesem Versuch wird das Bohren untersucht, dabei werden verschiedene Bohrertypen gemessen. Das Bohren ist genormt (DIN 8589) und ist dort nach Verfahren eingeteilt [ ]. So gibt es zum Beispiel:

- Bohren ins Volle

- Aufbohren

- Gewindebohren

- Senken

- Reiben

Es gibt auch noch weitere Verfahren, die in diesem Versuch aber, wie das Gewindebohren und Senken, nicht durchgeführt werden.

2.3   Bohrertypen während der Versuchsdurchführung

1. Wendeschneidplattenbohrer (P25) mit innerer Kühlung

2. Wendelbohrer Typ N mit innerer Kühlung

3. Wendelbohrer Typ N mit äußerer Kühlung

4. Wendelbohrer Typ N mit doppelten Kernquerschnitt, angespitzter Querschneide und äußerer Kühlung

5. Hartmetallbestückter Wendelbohrer (K10) mit äußerer Kühlung

6. Wendelbohrer Typ N mit innerer Kühlung

7. Wendelbohrer Typ N mit innerer Kühlung

8. Wendelbohrer Typ N mit innerer Kühlung

9. Reibahle mit äußerer Kühlung

10. Vollhartmetall-Spiralbohrer ALPHA®2 Titex A1164TIN

2.4   Berechnung der Schnittkraft, spezifischen Schnittkraft, Schnittleistung und Hauptzeit

2.4.1   Berechnung der Schnittkraft F_c

Die Schnittkraft wird mit F_c bezeichnet, das c steh ihr für *cut* (=Schnitt). Die Kraft bezieht sich auf die Schnittrichtung und ist damit dem Vektor der Schnittgeschwindigkeit genau entgegengesetzt gerichtet. Die Schnittkraft lässt sich mit dieser Formel berechnen [ ]:

$$F_c \quad = \quad \frac{M \cdot 40}{D + d}$$

$$\begin{array}{llll}
F_c & \text{in} & N & = & \text{Schnittkraft} \\
M & \text{in} & N \cdot cm & = & \text{Bohrmoment} \\
D & \text{in} & mm & = & \text{Durchmesser des Bohrers} \\
d & \text{in} & mm & = & \text{Durchmesser der Vorbohrung}
\end{array}$$

Tabelle 11: Bezeichnungen der Gleichungen

Berechnung der Schnittkraft				
Bohrer Nummer	M in $[N \cdot cm]$	D in $[mm]$	d in $[mm]$	F_c in $[N]$
1	300	16	0	5296
2	880	16	0	9154
3	880	16	0	9154
4	960	16	0	9154
5	540	16	0	5176
6	20	4	0	694
7	790	16	4	6858
8	920	15,75	0	9002
9	-	16	15,75	148
10	-	16	0	8123

Tabelle 12: Messwerte der Schnittkräfte

2.4.2 Berechnung der spezifischen Schnittkraft k_c

Die spezifische Schnittkraft k_c wird zwar maßgeblich vom Werkstoff beeinflusst, ist aber als reine Rechengröße und nicht als Werkstoffkennziffer zu betrachten. Wichtige Einflussfaktoren für k_c sind die Festigkeit und Legierungsbestandteile des zu bearbeitenden Werkstoffes aber auch die Schneidengeometrie des Werkstoffes. Die spezifische Grundschnittkraft setzt sich aus der folgenden Formel zusammen.

$$k_c = k_{C1,1} \cdot h^{-m_c} = \frac{F_C}{A}$$

$$\begin{array}{llll}
k_{C1,1} & \text{in} & mm^2 & = & \text{Hauptwert der spez. Schnittkraft bei Spannungsquerschnitt } 1mm^2 \\
h & \text{in} & mm & = & \text{Spanungshöhe} \\
mc & & & = & \text{Spandickenexponent}
\end{array}$$

2.4.3 Berechnung der Schnittleistung

Die Schnittleistung P_c ist das Produkt aus der Schnittgeschwindigkeit v_c und der Schnittkraft F_c. Die Schnittleistung ist bei allen Verfahren wichtig für die leitungsmäßige Auslegung der Werkzeugmaschine.

Berechnung der Schnittkraft			
Bohrer Nummer	F_c in N	A in mm^2	k_c in $\frac{N}{mm^2}$
1	750	0,202	3720
2	2200	0,400	5500
3	2200	0,400	5500
4	2400	0,400	6000
5	1350	0,200	6428
6	2000	0,020	100000
7	1580	0,300	5266
8	2336	0,394	5933
9	0	0,006	0
10	0	0,352	0

Tabelle 13: Schnittkraftwerte

Die Schnittleistung kann durch die folgende Formel berechnet werden.

$$P_c = v_c \cdot F_c$$

$$v_c = \frac{D \cdot n \cdot \pi}{1000}$$
$$F_c = \frac{M \cdot 40}{D + d}$$

$$P_c = \frac{D \cdot n \cdot \pi}{1000} \cdot \frac{M \cdot 40}{D + d}$$
$$P_c = \frac{M \cdot n}{954930}$$

P_c	in	kW	$=$	Schnittleistung
v_c	in	$\frac{m}{min}$	$=$	Schneidgeschwindigkeit
F_c	in	N	$=$	Schnittkraft
M	in	Ncm	$=$	Bohrmoment
D	in	mm	$=$	Bohrerdurchmesser
d	in	mm	$=$	Durchmesser der Vorbohrung
n	in	mm^{-1}	$=$	Bohrdrehzahl

Berechnung der Schnittkraft			
Bohrer Nummer	M in Ncm	n in min^{-1}	P_c in kW
1	300	2500	0,785
2	880	630	0,580
3	880	630	0,580
4	960	630	0,633
5	540	1200	0,679
6	200	2500	0,524
7	790	630	0,521
8	920	630	0,607

Tabelle 14: Schnittkräfte

2.4.4   Berechnung der Hauptzeit

Die Hauptzeit für das Bohren ins Volle und das Aufbohren kann durch die folgende Formel ermittelt
werden.

$$t_h \;=\; \frac{L}{f \cdot n}$$

$$f \;=\; \frac{v_f}{n}$$

t_h	in	min	$=$	Hauptzeit
L	in	mm	$=$	Gesamtbohrweg
f	in	$\frac{mm}{U}$	$=$	Vorschub
n	in	mm^{-1}	$=$	Bohrdrehzahl
v_f	in	$\frac{m}{min}$	$=$	Vorschubgeschwindigkeit

Berechnung der Schnittkraft				
Bohrer Nummer	L in mm	f in $\frac{mm}{U}$	n in min^{-1}	t_h in min
1	48	0,0252	2500	0,762
2	48	0,1000	630	0,762
3	48	0,1000	630	0,762
4	48	0,1000	630	0,762
5	48	0,5250	1200	0,762
6	12	0,0200	2500	0,240
7	18	0,1000	630	0,762
8	47,25	0,1000	630	0,75
9	48	0,3938	160	0,762
10	48	0,088	2500	0,218

Tabelle 15: Schnittkräfte

2.5 Vorschubkräfte der verschiedenen Bohrer

Jetzt werden die Werte der Bohrer in ein Diagramm eingetragen, dabei wird die Reibahle vernachlässigt. Aus der Abbildung 8 ergibt sich zu jedem Bohrer die dazugehörige Vorschubkraft.

Bohrer 1: Der Wendeschneidplattenbohrer mit innerer Kühlung besitzt einen Spitzenwinkel σ von 170°, hat nur eine Schneide, also auch keine Querschneide und kann wegen des Hartmetalls mit hoher Drehzahl betrieben werden. Dadurch stellt sich eine niedrige Vorschubkraft ein.

Bohrer 2: Der Wendelbohrer mit innere Kühlung besitzt zwei Schneiden und hat somit eine Querschneide. Auch materialbedingt kann dieser Bohrer nur mit einer geringeren Drehzahl betrieben werden. Für die hohe Vorschubkraft sind dies die Ursachen. Ein Vorteil der inneren Kühlung ist, daß der Spantransport wesentlich leichter funktioniert.

Bohrer 3: Ist auch ein Wendelbohrer (Typ N) aber diesmal mit äußerer Kühlung. Zu erwarten wären ähnliche Ergebnisse wie bei Bohrer 2. Der Unterschied kann durch die verschiedenen Kühlarten begründet werden. So wird bei der äußeren Kühlung der Bohrer von außen mit Kühlschmiermittel bespritzt. Der Weg des Kühlschmiermittels ist wesentlich länger, als bei einer inneren Kühlung. So muß es bei der äußeren Kühlung erst in den Bohrschaft laufen, bis es die zu kühlenden Schneiden erreicht. Desweiteren behindert der Spanabtransport das Vordringen des Kühlmittels.

Bohrer 4: Ist ein Wendelbohrer mit doppelten Kernquerschnitt, angespitzter Querschneide und äußerer Kühlung. Dies ist der Bohrer mit der höchsten Vorschubkraft, welche maßgeblich durch den doppelten Kernquerschnitt zustande kommt. Aber durch das Anspitzen der Querschneide wurde diese verkleinert und somit wurde auch die Vorschubkraft geringfügig optimiert.

Bohrer 5: Der hartmetallbestückte Wendelbohrer (K10) mit äußerer Kühlung hat auch eine hohe Vorschubkraft, diese entsteht durch den großen Kerndurchmesser und wegen der Querschneide.

Bohrer 6: Dieser Wendelbohrer hat einen Durchmesser von $4mm$ und wird dazu verwendet, um eine Vorbohrung vorzunehmen.

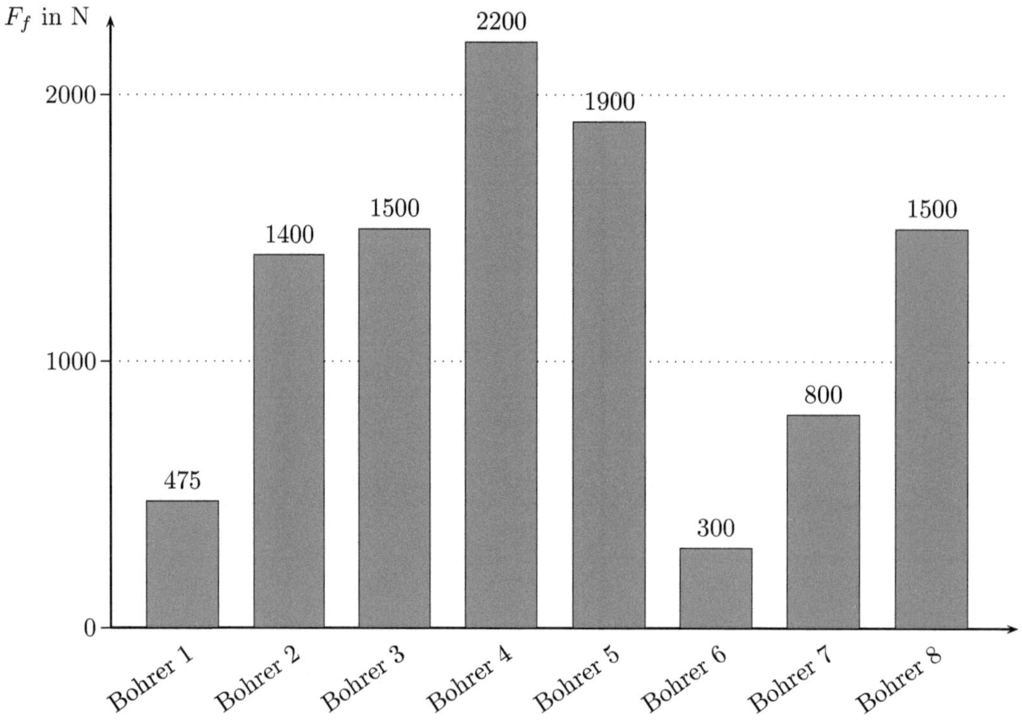

Abbildung 21: Vorschubkräfte der verschiedenen Bohrer

Bohrer 7: Nach der Vorbohrung wird nun wieder mit einem Wendelbohrer auf $16mm$ aufgebohrt. Da schon ein Kernloch vorhanden ist, hat die Querschneide diesmal keinen Einfluß auf die Vorschubkraft.

Bohrer 8: Dies ist wiederum ein Wendelbohrer mit einem Durchmesser von $15,75mm$. Dies dient zur Vorbohrung für den nächsten Bohrer.

Bohrer 9: Ist eine Reibahle mit $16mm$, diese wird von außen gekühlt und läuft mit einer sehr langsamen Drehzahl von $160min^{-1}$.

Bohrer 10: Ist ein Vollhartmetall-Spiralbohrer ALPHA®2 Titex A1164TIN, dieser Bohrer kann mit der höchsten Vorschubgeschwindigkeit und mit einer der höchsten Drehzahlen betrieben werden. Dabei wird auch ein guter Mittenrauhwert erreicht.

2.6   Vergleich der Bohrer 1 und 2

Wie bekannt handelt es sich bei dem Bohrer 1 um einen Wendeschneidplattenboherer und der Bohrer 2 um einen Wendelbohrer mit innerer Kühlung. Beide Bohrer besitzen den gleichen Durchmesser von $16mm$ und werden mit der gleichen Vorschubgeschwindigkeit von $63\frac{mm}{min}$ betrieben. Die wesentlichen Unterschiede liegen darin, daß der Wendeschneitplattenbohrer nur eine Schneide besitzt, die sich auf zwei gegenüberliegende Seiten aufteilt. So schneidet die Erste nur das Innere der Bohrung und die Zweite das Äußere der Bohrung, wie auf der Zeichnung zu sehen.

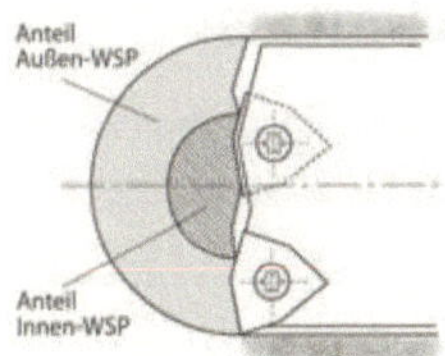

Abbildung 22: Wendescheidplattenbohrer [ ]

Im Gegensatz dazu hat der Wendelbohrer zwei Schneiden, einen größeren Spitzenwinkel und dieser wird auch mit einer geringeren Drehzahl eingesetzt.
Vergleicht man die gemessenen Werte der Vorschubkraft und des Bohrmoments, so ergeben sich sehr große Unterschiede, wie man in der Tabelle sieht. Die hohen Vorschubkräfte des Wendelbohres lässt sich

Bohrer Nummer	F_f in N	M in Ncm
1	475	300
2	1400	880

Tabelle 16: Messwerte vom Wendelbohrer und Wendeschneidplattenbohrer

durch die Querschneide und der niedrigen Drehzahl erklären. Die Drehzahl hängt auch vom Material des Bohrers ab, so kann sie bei dem Wendeschneidplattenbohrer diese fast viermal höher gewählt werden.

2.7   Anbohren von Rundungen

Das Anbohren von Rundungen kann nur mit dem Wendeschneidplattenbohrer durchgeführt werden, da dieser keine Querschneide besitzt, aber auch weil die Schneiden aufgeteilt sind. So greift sofort eine der Schneiden und der Bohrer kann nicht abrutschen. Im Gegensatz zu Spiralbohrer ist der Spitzwinkel sehr groß, deswegen würde ein Spiralbohrer immer seitlich Abrutschen.

2.8   Betrachtung von unterschiedlichen Kühlmethoden

Die Messungen 2 und 3 wurden mit verschiedenen Kühlmethoden durchgeführt. So wurde die zweite Messung mit einer inneren Kühlung und die dritte Messung mit einer äußeren Kühlung durchgeführt. Dabei wurden folgende Meßdaten aufgenommen. Aus den Messwerten lässt sich erkennen, dass die unterschiedlichen Kühlungsarten nur geringe Auswirkungen haben. Aber von Vorteil zeigt sich die innere Kühlung, diese wird meist für tiefere Löcher verwendet, da hier das Kühlschmiermittel direkt auf die Schneiden trifft, diese kühlt und den Span gut abtransportiert. Im Gegensatz muß bei der äußeren Kühlung das Kühlschmiermittel erst durch das Bohrloch von oben nach unten zu den Schneiden laufen, um diese zu kühlen, was gegen der Spanabtransportrichtung geschieht. So entstehen auch schlechtere Rauhwerte der Bohrung, was auf den schlechteren Spanabtransport schließen lässt.

Bohrer Nummer	F_f in N	M in Ncm	R_t in μm	R_a in μm	R_Z in μm	P_a in kW
2	1400	880	35,0	4,13	23,5	1,3
3	1500	880	42,0	6,53	31,2	1,3

Tabelle 17: Messwerte bei verschiedenen Kühlmethoden

2.9   Vergleiche des Kerndurchschnittes

Durch die Vergrößerung des Kerndurchmessers wird der Bohrer 4 im Vergleich zum Bohrer 3 stabiler. Aus den Meßergebnissen im der Tabelle lassen sich einige Unterschiede erkennen. Durch den größeren

Bohrer Nummer	F_f in N	M in Ncm	R_t in μm	R_a in μm	R_Z in μm	P_a in kW
3	1500	880	42,0	6,53	31,2	1,3
4	2200	960	65,6	7,50	39,2	1,4

Tabelle 18: Messwerte der Wendelbohrer mit verschieden Kerndurchmessern

Kerndurchmesser zeigt sich, daß der Span schlechter abtransportiert werden kann. So steigen die Vorschubkraft, das Bohrmoment und die Leistung, auch die Rauwerte sind schlechter als bei der Bohrung mit normalen Kerndurchmesser.

2.10   Vergleich zwischen Wendelbohrer und Hartmetallbestücktem Wendelbohrer

Der Hartemallbestückte Wendelbohrer verursacht ähnlich hohe Kräfte wie der Wendelbohrer mit dem doppelten Kerndurchmesser, da die beiden Bohrer vom Aufbau sehr ähnlich sind. Dadurch sind auch die Kräfte in etwa gleich. Der Hartmetallbestückte Wendelbohrer hat aber eine längere Standzeit als der normale Wendelbohrer.

2.11   Vergleich zwischen Bohren ins Volle und mit Vorbohrung

In den Messungen 3 und 7 werden die gleichen Bohrer verwendet, der einzige Unterschied besteht darin, daß bei der Messung 7 eine Bohrung mit $4mm$ Durchmesser schon vorhanden ist. Als Messergebnisse wurden die folgenden Werte aufgenommen. Durch die Vorbohrung hat die Querschneide keine Wirkung

Bohrer Nummer	F_f in N	M in Ncm	R_t in μm	R_a in μm	R_Z in μm	P_a in kW
3	1500	880	42,0	6,53	31,2	1,3
7	800	790	77,4	8,7	49,1	1,2

Tabelle 19: Messwerte bei bohren ins Volle und Vorbohrung

auf die Vorschubkraft, so sinkt diese fast um die Hälfte ab. Auch das Moment wird weniger, da weniger Material, welches durchbohrt werden muß, vorhanden ist.

2.12 Vergleich der Reibahlenoberflächengüte mit dem restlichen Oberflächengüten

Es wird erwartet, dass die in der 9 Messung verwendete Reibahle eine sehr gute Oberflächenbeschaffenheit mit sich bringt. In der Tabelle werden nun die gemessenen Werte dargestellt. Wie sich aus der Tabelle

Bohrer Nummer	R_t in μm	R_a in μm	R_Z in μm
1	22,8	3,28	17,8
2	35,0	4,13	23,5
3	42,0	6,53	31,2
4	65,5	7,50	39,2
5	42,4	6,24	31,7
6	—	—	—
7	77,4	8,7	49,1
8	—	—	—
9	15,5	1,56	10,3
10	6,5	1,50	5,8

Tabelle 20: Messwerte der Oberflächenrauhheiten

entnehmen lässt zeigt das Reiben und der Vollhartmetallbohrer die besten Rauhigkeitswerte.

3 Schnittkraftversuch Fräsen

3.1 Messwerte

Verfahren	D in mm	Z in 1	α in $^\circ$	γ in $^\circ$	n in $\frac{1}{min}$	v_c in $\frac{m}{min}$
Gegenlauffräsen	16	2	8	42	2500	125,663706
Gleichlauffräsen	16	2	8	42	2500	125,663706
Stirnfräsen	16	2	8	42	2500	125,663706
Verfahren	f_z in mm	v_f in $\frac{mm}{m}$	a_e in mm	a_p in mm	R_a in μm	R_z in μm
Gegenlauffräsen	0,02513274	315	20	4	0,6	2,9
Gleichlauffräsen	0,02513274	315	20	4	0,6	2,4
Stirnfräsen	0,02513274	315	4	20	0,7	4,1

Abbildung 23: Messwerte des gesamten Versuches (Fräsen)

3.2 Ermittlung der Schnittleistung P_c

Aus den in dem Versuch entstandenen Diagrammen lässt sich die Schnitt-, Vorschub- und Passivkraft ablesen. Um einen guten Mittelwert zu erhalten wurden das Maximum und das Minimum jeder Kurve zusammengezählt und durch 2 geteilt.

3.2.1 Stirnfräsen

Aus dem Diagramm wurden die folgenden Werte abgelesen: Aus der Schnittkraft wurde das Moment

Kraft	maximaler Messwert	minimaler Messwert	Mittelwert
F_f	360	160	260
F_p	60	0	30
F_c	-100	-30	65

Tabelle 21: Messwerte vom Stirnfräsen

berechnet um dadurch auf die Schnittleistung zu kommen.

$$F_c = \frac{M \cdot 40}{D}$$
$$M = \frac{F_c \cdot D}{40}$$
$$P_c = \frac{M \cdot n}{954930}$$

Dadurch ergab sich ein Moment von $26Ncm$ und eine Schnittleistung von $68W$

3.2.2 Umlauffräsen im Gleichlauf

Aus dem Diagramm wurden die folgenden Werte abgelesen: Aus der Schnittkraft wurde das Moment

Kraft	maximaler Messwert	minimaler Messwert	Mittelwert
F_f	-180	-100	140
F_p	270	120	195
F_c	-130	-60	95

Tabelle 22: Messwerte Gleichlauffräsen

berechnet um dadurch auf die Schnittleistung zu kommen.

$$F_c = \frac{M \cdot 40}{D}$$
$$M = \frac{F_c \cdot D}{40}$$
$$P_c = \frac{M \cdot n}{954930}$$

Dadurch ergab sich ein Moment von $38Ncm$ und eine Schnittleistung von $99W$

Kraft	maximaler Messwert	minimaler Messwert	Mittelwert
F_f	75	25	50
F_p	225	60	142,5
F_c	-125	-50	87,5

Tabelle 23: Gegenlauffräsen

3.2.3 Umlauffräsen im Gegenlauf

Aus dem Diagramm wurden die folgenden Werte abgelesen: Aus der Schnittkraft wurde das Moment berechnet um dadurch auf die Schnittleistung zu kommen.

$$F_c = \frac{M \cdot 40}{D}$$
$$M = \frac{F_c \cdot D}{40}$$
$$P_c = \frac{M \cdot n}{954930}$$

Dadurch ergab sich ein Moment von $6,4 Ncm$ und eine Schnittleistung von $16W$

3.2.4 Vergleich der Schnittkräfte

Aus den drei verschiedenen Fräsverfahren wurden die folgenden Schnittkräfte (wie von oben bekannt) aus den Diagrammen ermittelt:

Verfahren	Schnittkraft gemessen
Stirnfräsen	$65N$
Gleichlauffräsen	$95N$
Gegenlauffräsen	$87,5N$

Tabelle 24: Schnittkräfte der verschiedenen Fräsverfahren

3.3 Vergleich der Verfahren

3.3.1 Vergleich der Oberflächengüten

Die Oberflächengüten der Verfahren sind in etwa gleich, aber wie erwartet, sind sie beim Gleichlauffräsen besser. Dies zeigen auch die gemessenen Werte in der folgenden Tabelle. Das Gleichlauffräsen hat die beste Oberflächenrauhheit, es ist dadurch bedingt, dass sich der Fräser und das Werkstück in der gleichen Richtung bewegen. So nimmt der Fräser am Anfang sehr viel Material ab und zum Ende (fast) nichts mehr. Somit ergibt sich eine bessere Oberflächenrauhheit besser als beim Gegenlauffräsen. Das Gleichlauffräsen ist aber anfälliger für ein Rattern der Maschine, was auch dadurch bedingt ist, dass die Schneide des Fräsers beim Schnittbeginn das meiste Material schneiden muss.

3.3.2 Vergleich des Werkzeugverschleißes

Aus den ermittelten Schnittleistungsdaten lässt sich auch der Verschleiß des Werkzeuges ermitteln. Wie auch schon bei dem Vergleich der Oberflächenrauhheit festgestellt wurde, ist das Gleichlauffräsen sehr

Verfahren	R_a in μm	R_Z in μm
Stirnfräsen	0,6	2,9
Gleichlauffräsen	0,6	2,4
Gegenlauffräsen	0,7	4,1

Tabelle 25: Vergleich der Oberflächenrauhheiten

energieaufwendig. Dies zeigt sich auch in der errechneten Leistung, die bei diesem Verfahren am höchsten ist. Dadurch lässt sich erkennen, dass der Verschleiß beim Gleichlauffräsen am höchsten, beim Gegenlauffräsen etwas geringer und beim Stirnfräsen am geringsten ist.

3.3.3   Anforderung an die Werkstückspannung

Die Werkstückspannung behandelt die Einspannung des Werkstücks in die Fräsmaschine. Wie aus den vorherigen Auswertungen bekannt, wird beim Gleichlauffräsen die größte Schnittleistung umgesetzt, somit muß auch das Werkstück sehr fest in der Maschine verspannt sein. Wie in dem Praktikumsunterlagen gezeichnet, so sollte auch beim Stirnfräsen eine feste Einspannung vorhanden sein, da der Fräser auf den Steg zufährt. Bei einer zu lockeren Einspannung könnte es passieren, dass sich das Werkstück verschiebt, was eine Unfallgefahr darstellt. Auch sollte es so gespannt sein, daß zum Beispiel beim Gleich- und Gegenlauffräsen nicht horizontal verschieben kann. Dadurch würde es zu Ungenauigkeiten führen, somit sollte das Werkstück, egal für welches Verfahren immer fest verspannt sein. Ein Wegrutschen oder Lösen aus der Einspannung sollte vermieden werden, da dies auch eine Unfallquelle darstellt.

3.3.4   Anforderungen an die Werkzeugmaschine

Die Werkzeugmaschine für die drei Fräsverfahren sollte sehr stabil gebaut sein. Dies wird durch das Gleichlauffräsen gefordert. Dort wird einen hohe Schnittleistung umgesetzt und somit, wie schon erwähnt, kann es sein, dass die Maschine leicht zu einem Rattern oder/und Rappeln neigt. Durch große Massen würde dies leichter verhindert werden können. Die dadurch gewonnene Stabilität und Steifigkeit wirkt sich auch positiv auf das Fräsen aus.

3.3.5   Schlußfolgerung für den Einsatz

Das Fräsen bringt gewisse Anforderungen an das Werkzeug, die Einspannung und an die Arbeitsmaschine mit sich. Somit ist der Einsatz nur an den damit vorgesehenen Maschinen sinnvoll. Diese sind meist auch von massiverer Bauart, um die entstehenden Schwingen zu absorbieren. Auch ist die Auslegung der Werkzeugeinspannung von großer Bedeutung, da es sonst unerwünschte Effekte und Schäden geben kann. Auch sollte der Standort der Maschine auf einem Fundament sein, somit lässt sich die genaue Lage ermitteln. Dadurch kann die Maschine sehr genau in eine waagrechte Position gebracht werden, dies trägt weiter zur Stabilität bei. Dies verhindert auch bei Unwuchten ein mögliches Schwingen der Maschine, wenn sie sehr gerade steht (ein praktischer Vergleich wäre hier zum Beispiel eine Waschmaschine).

3.4 Kräftevergleich der unterschiedlichen Fräsverfahren

Aus den Messdaten für das Stirn-, Gleich- und Gegenlauffräsen wurden für die Schnitt-, Vorschub- und Passivkraft folgende Werte ermittelt. Der Vergleich der verschiedenen Fräsverfahren zeigt, dass beim

Verfahren	F_c in N	F_f in N	F_p in N
Stirnfräsen	65	260	30
Gleichlauffräsen	95	140	195
Gegenlauffräsen	87,5	50	142,5

Tabelle 26: Kräftevergleich der unterschiedlichen Fräsverfahren

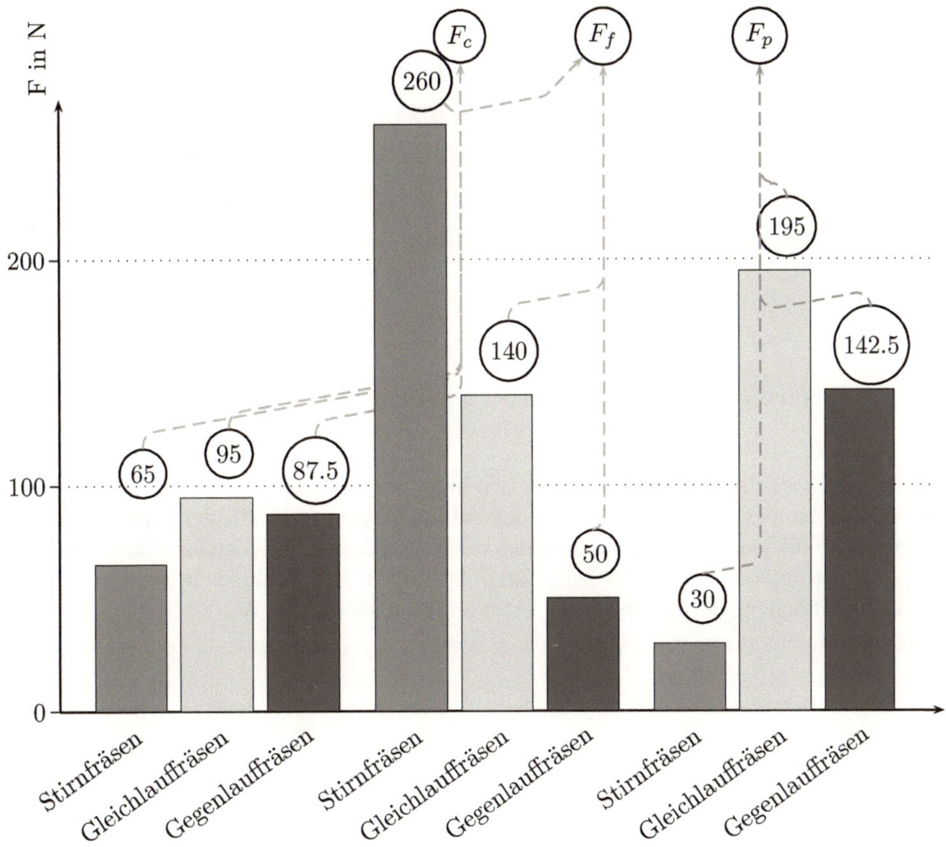

Abbildung 24: Kräftevergleich der unterschiedlichen Fräsverfahren

Stirnfräsen die Schnittkraft und die Passivkraft am geringsten sind, wobei die Vorschubkraft am höchsten ist. Dies begründet sich damit, weil in diesem Versuch ein Steg mit einer Höhe von 20mm und einer Breite von 4mm gefräst wurde. So muß die meiste Kraft für den Vorschub aufgewendet werden. Beim Gegenlauffräsen liegen fast alle Kraftwerte zwischen den beiden anderen Verfahren, so wird beim Gleichlauffräsen zwar auch eine hohe Schnittkraft gemessen, aber die Vorschubkraft ist am Geringsten. Dagegen sind beim Gleichlauffräsen die Schnittkraft und die Passivkraft am Stärksten. Vergleicht man die Werte für jedes Fräsverfahren, so lässt sich das Diagramm auch wie folgt betrachten.

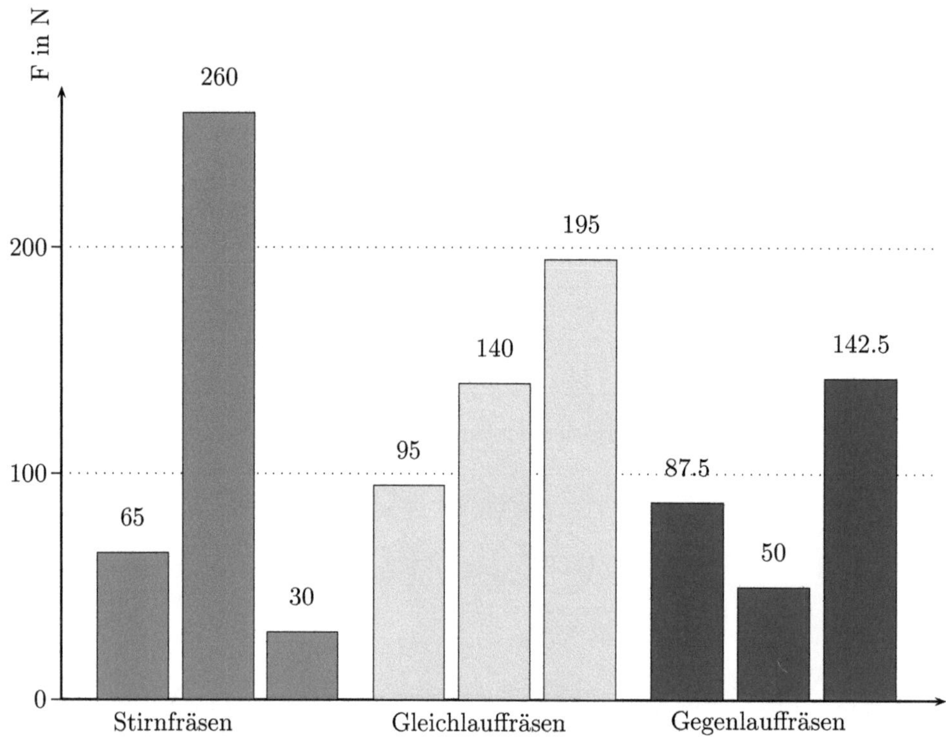

Abbildung 25: Kräftevergleich der unterschiedlichen Fräsverfahren

Als abschließende Betrachtung sieht man, dass sich beim Stirnfräsen eine hohe Kraft auf das Werkzeug einbringt. Diese wird hauptsächlich durch die Vorschubkraft verursacht. Bildet man die quadratischen Mittelwerte der Kräfte für jedes Verfahren, lässt sich erkennen, dass beim Gleichlauffräsen auch sehr hohe Kräfte wirken. Die geringsten stellen sich beim Gegenlauffräsen ein. Schließlich lässt feststellen, dass je nach geforderter Oberflächengüte das geeignete Fräsverfahren zu wählen ist.

4 Anhang

Literatur

[1] Prof. Dr. A. Fuchsberger. Skriptum Abtragende Fertigungsverfahren Teil 1.

[2] Garant ®. Garant Handbuch Zerspanen. Garant Zerspanungshandbuch der Firma Hoffmann, 2007.

im Juli 2008, Peter Hermann